LEON

런치박스

자연식 패스트푸드 레시피

LEON
Lunch Box

LEON

Lunchbox

NATURALLY FAST RECIPES

제인 벡스터 · 헨리 딤블비 · 케이 플런켓 호그 · 클레어 탁 · 존 빈센트 지음 | Fabio(배재환) 옮김

런치박스

자연식 패스트푸드 레시피

LE RESTAURANT

시작하며

만약 아이들에게 과학박물관 현장수업에서 가장 재미있었던 일이 무엇이었냐고 물어 보면, 아마도 십중팔구는 우주선이나 밴더그래프 발전기가 아닌 도시락 먹기였다고 대답할 겁니다.

도시락은 오랜 세월 동안 우리들의 주린 배를 채워주었죠. 그렇지만 도시락의 진정한 의미는 사랑의 표현일 겁니다. 엄마, 아빠에게는 하루의 절반 정도가 지났을 때 아이들이 열어보는 즐거움의 꾸러미를 포장하는 방법이죠.

농부, 건설 노동자, 집배원, 용접공, 재봉사들은 수 세대 동안 도시락을 먹어왔습니다. 밴드 디콘 블루(Deacon blue)의 노래 〈디그니티(Dignity)〉 가사 속 남자들은 선블레스트의 식빵 포장지에 점심 도시락을 싸서 들고 다녔고, 뉴욕의 용접공은 오금이 저리는 높은 난간 위에서 도시락을 먹었으며, 이동이 많은 집배원 팻과 건축업자 밥은 모두 도시락 전도사였어요.

맛있고 영양가도 풍부한 도시락 만들기는 결코 쉬운 일이 아닙니다. 하지만 우리 책이 이를 좀 더 쉽게 돕고, 자동차 나들이나 캠핑, 한 주간의 업무나 체험학습에 동행할 도시락에 약간의 아이디어라도 드릴 수 있기를 바랍니다.

이 책에 있는 많은 레시피들은 전날 밤에 미리 만들어두거나, 박스나 뚜껑 있는 병에 담아두고 다음날 점심으로 먹기에 알맞습니다. 맛있는 '리볼리타(32쪽 참조)'는 어떤가요? 빠르고 맛있는 '꿔 띠우 남 무(28쪽 참조)'는요? 만들기는 그야말로 '초간단'이지만 오랫동안 사랑받아온 이유가 있는 음식입니다. '매리언의 스카치 에그(57쪽 참조)'는 다시는 슈퍼마켓에서 완제품 스카치 에그를 사지 말라는 계시입니다. 또한 여러분은 이제 '콜슬로(19쪽 참조)'의 왕 또는 여왕이 될 거예요. 왕이나 여왕, 어느 쪽이든 좋은 편을 고르세요.

해피 쿠킹!

– 헨리와 존

SALADS

– 샐러드 –

살바토레의 판자넬라

Salvatore's Panzanella

4~6인분 • 준비 시간 15분 • ♥ DF V

판자넬라는 전통적으로 토스카나 지방의 여름 샐러드입니다만, 저희가 소개하는 버전은 이탈리아 움브리아에서 요리하는 시칠리아 태생의 요리사 살바토레가 고안한 레시피입니다. 단골손님들로부터 '돼지고기 대마왕'이라 불리는 살바토레는 아직도 1년에 54종이나 되는 토마토를 재배하는 엄청난 채소밭을 가지고 있죠. 살바토레의 오리지널 레시피에는 텁텁한 보리빵을 사용합니다. 그렇지만 밀도가 높은 통밀 빵이나 사워도우 빵도 상당히 좋은 대체품이라 할 만합니다.

- **사워도우** 또는 **통밀** 2~3cm 크기의 **마른 빵 조각** 250g
- 품질 좋은 **레드 와인 비니거** 60ml
- **올리브 오일** 60ml
- 으깬 **마늘** 1쪽
- **방울토마토**(또는 완숙 토마토) 500g
- **소금**, 갓 갈아놓은 **흑후추**
- **바질** 1다발
- 얇게 썬 **셀러리 속대** 1개
- 얇게 썬 **적양파** 작은 것 1개
- 씨 뺀 **올리브** 50g
- **말린 오레가노** 1자밤
- 질 좋은 **올리브 오일** 듬뿍

1. 넓고 얕은 접시에 빵을 담는다. 분량의 레드 와인 비니거, 오일, 마늘은 깨끗한 볼에 넣고 함께 섞어서, 빵 위에 뿌리고 손으로 뒤적이며 잘 버무린다.
2. 토마토를 반으로 갈라 소금을 뿌리고, 1에 넣는다.
3. 가니시로 사용할 바질 잎 약간을 한쪽에 덜어놓고, 나머지는 셀러리와 양파, 올리브와 함께 빵 위에 흩뿌린다. 약간의 후추, 말린 오레가노를 뿌리고 질 좋은 올리브 오일을 충분히 뿌린다.
4. 뚜껑 덮어 먹기 전까지 시원한 곳에서 보관한다.

TIPS

» 이 샐러드는 미리 만들어 둘 수 있을 뿐만 아니라, 보관하고 먹기에도 용이해 더욱 훌륭하다 할 수 있겠습니다.

» 판자넬라는 케이퍼와 구운 피망을 이용해서 만들 수도 있습니다.

타히니 드레싱을 곁들인 가지, 석류, 민트 샐러드
Aubergines, Pomegranate & Mint

4인분 • 준비 시간 10분 • 조리 시간 10분 • ♥ ♣ WF GF DF V

석류알은 간이 센 평범한 생활요리에 살짝 날카로운 개성을 가미해주기도 하지만, 무엇보다 시각적인 즐거움이 상당히 큽니다. 이 드레싱은 팔라펠*이나 다른 채소 튀김들과도 잘 어울립니다.

- **가지** 큰 것 1개
- **올리브 오일** 3큰술
- 질 좋은 **레드 와인 비니거** 1큰술
- **석류알** 석류 1개 분량
- 얇게 채 썬 **민트** 1큰술

[타히니 드레싱]

- 으깬 **마늘** 2쪽
- **타히니** 1큰술
- 천연 **요거트** 125g
- **레몬즙** 레몬 1개 분량
- **꿀** 1큰술
- **카이엔 페퍼** 1자밤
- **큐민가루** 1자밤
- **소금**, 갓 갈아놓은 **흑후추**

✓ 팔라펠(falafel): 병아리콩이나 작두콩에 다진 마늘이나 양파, 파슬리, 커민, 고수씨, 고수잎 등을 갈아 만든 반죽을 둥글게 만들어 튀긴 중동 요리.

1. 타히니 드레싱을 만든다. 모든 재료를 믹서에 넣고 더블 크림 같은 질감이 날 때까지 약간의 물을 넣어주면서 간다.(재료들을 넓은 볼에 넣고 핸드 블렌더를 이용해도 된다.) 입맛에 맞게 간한다.
2. 가지는 둥글게 5mm 두께로 얇게 썬다.
3. 프라이팬에 오일을 두르고 달군 다음, 가지를 넣고 중불에서 양면이 노릇노릇해지도록 굽는다. 가지는 여러 번 나눠서 굽는 것이 좋다. 한 번씩 구워낼 때마다 팬에서 덜어내어 키친타월에 올려 수분과 기름기를 제거한다.
4. 넓은 접시에 구운 가지를 예쁘게 깔고 레드 와인 비니거를 뿌린 다음, 입맛에 맞게 간한다. 타히니 드레싱을 뿌리고, 맨 위에 석류알과 채 썬 민트를 흩뿌린다.

TIPS

» 석류알을 잘 빼내려면 먼저 석류를 세로로 반을 가릅니다. 한쪽을 들어 단면이 손바닥으로 향하게 하고, 석류 껍질 부분을 밀대로 강하게 두드립니다. 이 방법을 쓰면 힘들이지 않고 석류알을 빼낼 수 있어요.

니스풍 드레싱을 곁들인 그린빈스와 토마토 샐러드
French Beans & Tomatoes with Niçoise Dressing

4인분 • 준비 시간 15분 • 조리 시간 3분 • ♥ ♣ WF GF DF V

혹시라도 아침에 몇 분 정도 여유가 생긴다면 그린빈스 대신 그릴에 구운 주키니 호박이나 가지로 샐러드를 만들 수 있어요.

- **그린빈스***(껍질콩) 300g
- **완숙 토마토** 200g
- 물에 담가둔 **케이퍼** 1큰술
- 으깬 **마늘** 1쪽
- **레드 와인 비니거** 1큰술
- **올리브 오일** 2큰술
- **생 바질** 작은 1다발
- 다진 **올리브**(올리브 몇 가지를 다져 섞은 것) 1큰술
- 다진 **토마토** 3개
- **소금**, 갓 갈아놓은 **후추**

✓ 그린빈스(green beans) : 풋 강낭콩, 깍지콩, 프렌치 빈 등으로도 불리며, 흔히 껍질째 먹는다.

1. 그린빈스는 양쪽 끝을 살짝 잘라내고, 완숙 토마토는 반으로 갈라 즙을 모두 짠 다음 체에 걸러 볼에 담는다. 핸드 블렌더나 블렌더에 케이퍼, 마늘, 레드 와인 비니거, 오일, 바질 잎을 넣고 간 다음 토마토와 섞어 드레싱을 만든다.
2. 냄비에 그린빈스가 잠길 만큼 물을 붓고 소금을 넣어 끓인다. 물이 끓으면 그린빈스를 넣고, 콩이 연해질 때까지(씹었을 때 오도독거리는 소리가 나는 것보다 살짝 더 삶는다) 약 3분간 익힌다.
3. 그린빈스는 열기가 남았을 때 1의 드레싱에 넣고, 여기에 다진 올리브와 다진 토마토를 넣어 버무린다. 입맛에 맞게 간한다.

» 소금에 절인 케이퍼를 사용하면 풍미가 훨씬 좋아지는데, 반드시 물에 담가두었다 사용해야 해요.

» 딱딱하게 굳은 치아바타를 큼직하게 뜯어서 중불의 오븐에 구워 크루통을 만듭니다. 이 크루통을 토마토 드레싱에 한데 버무리면! 감탄사가 절로 나오는 맛이죠.

완두콩, 펜넬, 페타 샐러드

Bean, Fennel & Feta Salad

4인분 • 준비 시간 10분 • 조리 시간 5분 • ♥ ♣ WF GF V

그야말로, 설명이 필요 없는 '초간단' 샐러드.

- 양끝을 다듬은 **그린빈스** 200g
- 껍질을 다듬은 **펜넬** 1개
- 잎만 가늘게 채 썬 **이탈리아 파슬리** 작은 1다발 분량
- **페타 치즈** 부스러기 70g
- **구운 잣** 2큰술

[드레싱]

- **디종 머스터드** 1작은술
- **레몬즙** 50ml
- **올리브 오일** 100ml
- **소금**, 갓 갈아놓은 **흑후추**

1. 커다란 냄비에 그린빈스가 잠길 만큼 물을 붓고 소금을 넣어 끓인다. 물이 끓으면 그린빈스를 넣고 연해질 때까지 약 3분간 익힌다. 한쪽에서 식힌다.
2. 펜넬을 채칼이나 칼로 가늘게 채 썬다.
3. 드레싱 재료들을 볼에 담고 한꺼번에 섞는다.
4. 볼에 그린빈스, 펜넬, 파슬리, 잘게 부순 페타 치즈 부스러기, 잣을 넣고 드레싱을 부어 잘 버무린다. 입맛에 맞게 간한다.

펜넬, 래디시, 잠두콩 샐러드

Fennel, Radish & Broad Bean Salad

4인분 • 준비 시간 20분 • 조리 시간 5분 • ♥ WF GF DF V

끓여서 만든 드레싱을 이용한 쉽고 예쁜 샐러드.

- **잠두콩** 200g
- **올리브 오일** 1큰술
- **소금**, 갓 갈아놓은 **후추**
- **펜넬** 1개
- **래디시** 100g
- **물냉이** 1다발

[드레싱]

- **참깨** 60g
- **오렌지즙**과 **제스트** 오렌지 1개 분량
- 으깬 **마늘** 1개
- **참기름** 1작은술
- **발사믹 비니거** 1큰술
- **꿀** 2큰술

1. 냄비에 잠두콩이 잠길 만큼 물을 붓고 소금을 넣어 끓인다. 물이 끓으면 잠두콩을 넣고 콩이 부드러워질 때까지 약 2분간 익힌다. 콩을 건져 열기가 남았을 때 볼에 담고 올리브 오일에 버무린다. 소금과 후추로 간하고, 한쪽에서 식힌다.
2. 펜넬을 다듬어서 길게 반으로 자르고, 2쪽 모두 가로로 하여 반달 모양으로 얇게 썬다. 래디시도 씻어서 얇게 썬다. 썰어놓은 래디시와 펜넬은 잠두콩을 담아놓은 볼에 넣고 잘 섞는다.
3. 코팅된 프라이팬에 참깨를 넣고 중불에서 색이 노릇해지면서 톡톡 튀어 오르기 시작할 때까지 몇 분간 볶는다. 여기에 오렌지즙과 제스트, 마늘을 넣고 부피가 반으로 줄어들 때까지 뭉근하게 끓여 졸인다. 불에서 내려 나머지 드레싱 재료와 함께 섞어준다. 식힌 다음, 입맛에 맞게 간한다.
4. 콩과 채소를 담은 볼에 드레싱을 붓고 잘 섞는다. 마지막으로 물냉이를 넣고 살짝 버무린다.

TIPS

» 이 샐러드는 드레싱에 큐민가루를 넣고, 구운 피타 브레드 조각과 함께 버무리면 중동의 파투시 샐러드 스타일로 바뀝니다.

» 잠두콩알이 너무 크고 거칠다면 콩의 껍질을 벗겨야 할 수도 있어요.

» 펜넬을 직화로 살짝 구우면 풍미가 좋아집니다.

콜슬로

Coleslaw

6인분 • 준비 시간 15분 • ♣ WF GF V

이 쪽은 세상에 존재하는 다양한 형태의 소박한 콜슬로에 대한 헌정이라고 할 수 있겠습니다. 레온*이 레스토랑의 문을 연 첫날부터 우리는 다양한 시도를 하며 콜슬로를 만들어왔습니다. 여기에 아주 기본적인 콜슬로의 레시피와 이를 기초로 변화를 준 3가지의 콜슬로를 소개합니다. 여러분이 직접 실험하고 싶다면 산미(우리는 강한 산미를 즐깁니다)와 적절한 간, 각기 다른 식감과 색에 신경 쓰시기 바랍니다. 어찌되었든, 기본적인 규칙은 다음과 같습니다. 맛있는 생 채소들을 채 썰어 모두 넣을 것.

- 가늘게 채 썬 **흰 양배추** ½개 분량
- 껍질 벗겨 가늘고 곱게 강판에 간 **당근** 300g
- 얇게 썬 **적양파** ½개 분량
- 으깬 **마늘** 1쪽
- **크렘 프레슈** 1큰술
- 걸쭉한 **천연 요거트** 1큰술
- **디종 머스터드** 1작은술
- **소금**, 갓 갈아놓은 **후추**

1. 모든 재료들을 넓은 볼에 한꺼번에 넣고 섞는다. 입맛에 맞게 간한다.

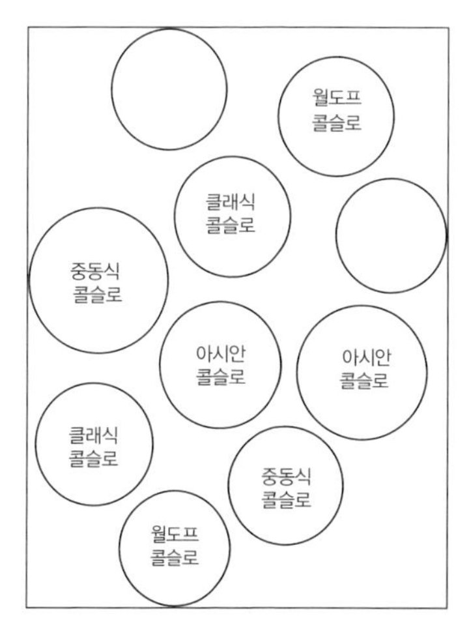

다양하게 변화를 준 콘슬로

중동식 콜슬로: 가늘고 곱게 강판에 간 적양배추, 당근, 셀러리악, 호박을 발사믹 비니거, 올리브 오일, 오렌지즙(제스트 포함)에 버무린다. 잣, 석류알, 채 썬 민트를 넣고 섞은 다음, 입맛에 맞게 간한다.

월도프 콜슬로: 가늘고 곱게 채 썬 흰 양배추와 펜넬, 다진 셀러리와 사과를 수제 마요네즈나 요거트 또는 크렘 프레슈와 섞어 버무린다. 얇게 썬 양파, 구운 호두, 노란 건포도, 차이브, 딜을 넣어 섞은 다음, 입맛에 맞게 간한다.

아시안 콜슬로: 잘게 채 썬 양배추, 얇게 썬 빨강 피망, 가늘게 강판에 간 당근, 다진 그린빈스, 깍둑썰기 한 토마토를 라임즙, 팜 슈거(종려당), 다진 홍고추, 으깬 마늘, 고수, 땅콩분태와 함께 버무린다.

✓ 레온(LEON): 50여 개의 지점을 가진 영국의 자연식 패스트푸드 레스토랑.(https://leon.co/)

소바 채소 샐러드

Soba Noodle Vegetable Salad

4인분 • 준비 시간 10분 • 조리 시간 15분 • ♥ WF DF V

땅콩버터를 꼭 토스트에만 발라 먹으라는 법은 없죠. 땅콩버터 샐러드 드레싱은 어떨까요? 샐러드에 들어갈 채소는 계절에 따라 달라질 수 있습니다. 우리는 브로콜리와 양배추를 이용했어요.

- 밀 프리 **소바 면** 1개(250g)
- **브로콜리 봉오리** 300g
- 속대를 제거하고 잘게 채 썬 **사보이 양배추*** ½개

[드레싱]

- 부드러운 **땅콩버터** 120g
- **간장** 1큰술
- 따뜻한 **물** 2큰술
- 강판에 간 **생강** 2큰술
- 으깬 **마늘** 1쪽
- **참기름** 2큰술
- **쌀 식초** 2큰술
- **꿀** 2큰술
- **소금**, 갓 갈아놓은 **후추**

✓사보이 양배추(savoy cabbage): 잎에 격자무늬의 조직이 있는 양배추로 일반 양배추보다 더 부드럽고 봉오리가 퍼져 있는 모양이다. 조직이 연해서 주로 속을 채우거나 말아서 요리에 사용한다.

1. 모든 드레싱 재료들을 푸드 프로세서나 핸드 블렌더로 갈고, 간한다.
2. 큰 냄비에 넉넉하게 물을 붓고 소금을 넣어 끓인다. 물이 끓으면 면을 넣고 거의 다 익을 때까지 약 9분간 삶는다. 그 후 채소를 넣고 약 2분간 더 삶는다. 건져내어 볼에 담고 열기가 남았을 때 드레싱에 버무린다. 바로 차리거나, 보관했다가 차가운 상태로 먹는다.

TIPS

» 콜리플라워, 그린빈스, 완두콩 혹은 강판에 간 뿌리 채소를 섞어서 콜슬로를 만들어보세요.

» 이 드레싱은 직화로 구운 채소 꼬치나 케밥의 딥으로도 아주 좋습니다.

7가지 채소를 곁들인 쿠스쿠스

Couscous with Seven Vegetables

4인분 • 준비 시간 15분 • 조리 시간 40분 • ♥ DF V

모로코에서는 전통적으로 쿠스쿠스를 차려낼 때 흔히 7가지의 채소를 곁들이곤 합니다. 어떻게 구성해도 상관없지만, 이 채소들은 익히는 데 걸리는 시간이 각각 다르기 때문에 무르지 않도록 순차적으로 익히는 것이 매우 중요합니다.

- **믹스 채소** 1kg(버터넛 스쿼시* 호박, 터닙, 파스닙, 당근, 주키니 호박, 그린빈스 섞은 것)
- **올리브 오일** 1큰술
- 깍둑썰기 한 **양파** 1개
- **생강가루·큐민가루** 각각 1작은술
- **로즈 하리사** 2작은술
- **토마토 통조림** 1캔(400g)
- **물** 100ml
- **소금**, 갓 갈아놓은 **후추**
- **병아리콩 통조림** 1캔(400g)
- **오렌지즙** 오렌지 1개 분량
- 다진 **고수**와 **민트**

[쿠스쿠스]

- **쿠스쿠스** 200g
- **올리브 오일** 1큰술
- 끓는 **물** 400ml

✓ 버터넛 스쿼시(butternut squash): 땅콩을 닮아 땅콩호박이라고도 불리며 버터와 견과류의 맛이 함께 난다.

1. 버터넛 스쿼시 호박(단호박으로 대체 가능), 터닙, 파스닙, 당근은 모두 껍질을 벗기고 씹는 맛이 있을 정도의 작은 크기로 썰고, 주키니 호박은 반으로 갈라 얇게 썬다. 그린빈스는 양쪽 끝을 잘라 손질하고, 병아리콩 통조림은 체에 밭쳐 물기를 제거하여 준비한다. 통조림 토마토는 다진다.
2. 큰 냄비에 올리브 오일을 두르고 달군 다음, 손질한 양파를 넣고 중불에서 5분간 볶는다.
3. 팬에 생강가루, 큐민가루와 하리사를 넣고 잘 섞어 약 1분간 볶은 다음, 다진 토마토와 즙을 같이 넣어 뭉근하게 끓이고, 호박과 뿌리채소를 넣는다. 물 100ml를 붓고 잘 저어 섞고, 입맛에 맞게 간한다. 계속 뭉근하게 끓이다가 뚜껑을 덮고 약불에서 15분간, 채소들이 충분히 부드러워질 때까지 끓인다.
4. 나머지 채소들을 넣고 10분을 더 끓이는데, 냄비 속 내용물이 들러붙기 시작하면 물을 조금 더 붓고 끓인다.

5. 모든 채소들이 부드러워지면 병아리콩, 오렌지즙을 넣고 다시 간하여 잘 섞는다.
6. 쿠스쿠스를 익힌다. 분량의 쿠스쿠스를 볼에 담고 올리브 오일과 소금 약간을 넣어 잘 섞는다. 여기에 끓는 물 400ml를 붓고 랩을 씌워 단단히 여민 다음, 10분 정도 열기에 쪄지도록 그대로 둔다.
7. 쿠스쿠스를 포크로 뒤섞어 포슬포슬하게 만들고 다진 허브를 흩뿌린 다음, 4의 채소와 함께 차린다.

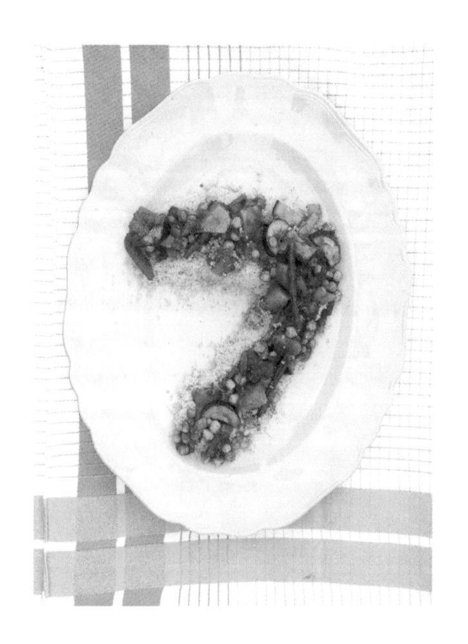

TIPS

» 전통적으로는 말린 과일, 견과류가 육류 타진* 요리에 더 들어갑니다. 본연의 풍미를 내고 싶다면 말린 살구나 대추를 잘게 썰어 첨가하는 건 어떨까요.

» 채소의 종류는 다양하게 변화를 줄 수 있지만, 뿌리채소와 녹색채소의 균형을 유지하는 것이 중요합니다. 사용할 수 있는 다른 채소들로는 콜리플라워, 브로콜리, 케일, 셀러리악, 버섯 등이 있습니다.

✓ 타진(tagine): 모로코의 전통 스튜로, 일반적으로 소고기와 양고기, 닭고기 등 육류가 많이 사용된다. 〈7가지 채소를 곁들인 쿠스쿠스〉 레시피 중 채소 조리법(1~4번)이 타진 요리와 같다.

모래밭의 루비 샐러드

'Rubies in the Sand' Salad

4인분 • 준비 시간 25분 • 조리 시간 20~25분 • ♥ ♣ WF GF DF V

퀴노아는 우리가 가장 좋아하는 식재료 중 하나죠. 글루텐 프리의 양질의 단백질은 채식주의자들에게 알맞습니다.

- **말린 퀴노아** 200g
- 색이 다른 **파프리카** 300g(노랑, 주황, 빨강)
- **타임** 2~3줄기
- 껍질째 으깬 **마늘** 2쪽
- **올리브 오일** 1큰술
- 다진 **고수** 넉넉하게 1줌
- **석류알** 100g

[드레싱]

- **엑스트라 버진 올리브 오일** 2큰술
- **라임즙**이나 **레몬즙** ½개 분량
- **라스 알 하눗*** 2작은술
- **소금**, 갈아놓은 **흑후추**

1. 퀴노아는 깨끗하게 씻어 포장지의 조리법대로 익힌다. 시판 퀴노아는 물에 불려놓은 것도 있고 아닌 것도 있으니 구매 전 확인해 볼 필요가 있다. 퀴노아가 익으면 건져서 물기를 빼고, 한쪽에서 식힌다.
2. 오븐을 180℃로 예열한다.
3. 로스팅 트레이에 피망, 타임, 마늘을 올리고 올리브 오일을 뿌려서 20~25분간 알덴테 상태로 굽는다. 오븐에서 꺼낸 다음 마늘과 타임은 버린다. 한 김 식힌 후 파프리카를 2cm 크기의 정사각형 모양으로 썰어서 준비한다.
4. 식힌 퀴노아를 구운 파프리카, 다진 고수, 석류알과 잘 섞는다.
5. 모든 드레싱 재료를 볼에 담아 잘 섞고 4에 부어 버무린다. 맛을 본 다음, 소금과 후추로 간한다.

TIPS

» 라스 알 하눗(ras al hanout)은 모로코가 원산지이며 향신료 중에서도 카다몸, 정향, 칠리, 큐민, 시나몬이 반드시 들어갑니다.

» 바삭하게 구운 초리조를 맨 위에 흩뿌리면 더 맛있는 요리가 됩니다.

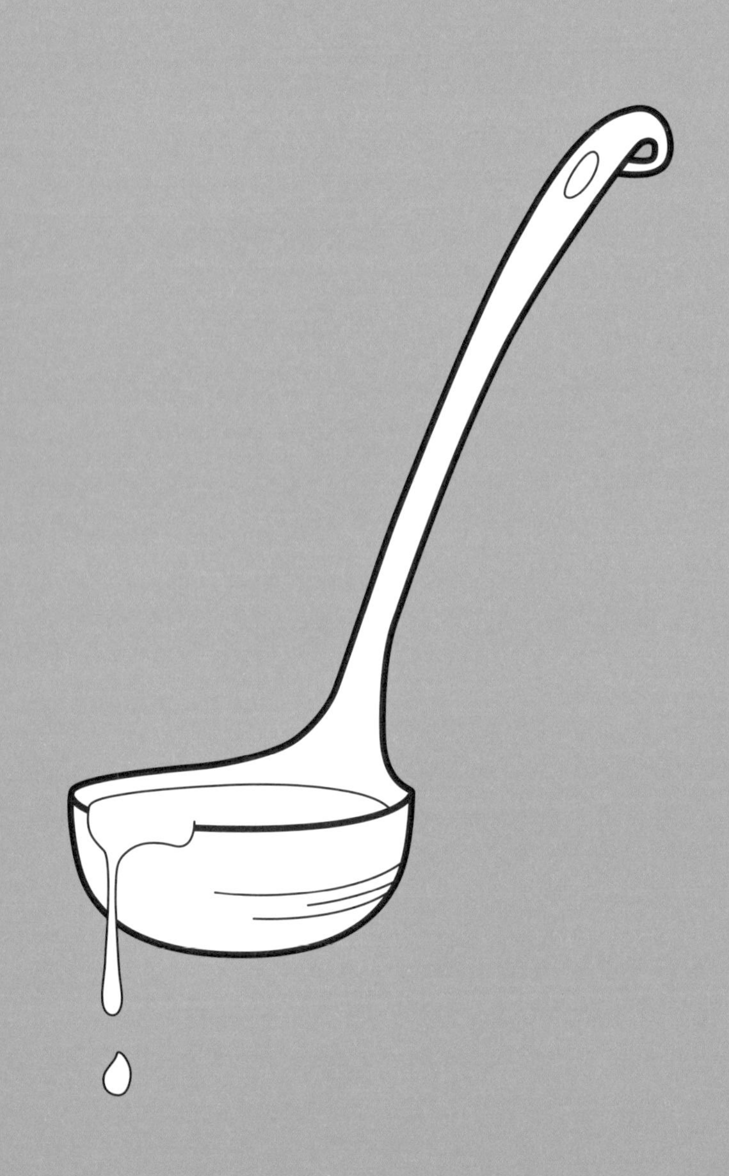

SOUPS & STEWS

– 수프와 스튜 –

PORK

간편하게 만드는 꿔 띠우 남 무

Quick Guay Tiew Nam Moo(Pork Meatball Noodle Soup)

4인분(대식가는 2인분) • 준비 시간 15분 • 조리 시간 15분 • DF

맛있는 태국식 돼지고기 누들 수프를 만드는 정말 쉬운 레시피! 태국에 가면 이 음식 하나를 놓고 다양하게 변주한 요리를 골목마다 찾을 수 있습니다. 사실 점심 말고도 하루 중 아무 때나 완벽하게 어울리죠. 특히 해장용 아침식사로 그만입니다.

[미트볼]

- **백후추** 1작은술
- 신선한 **고수 뿌리** 2개
- **마늘** 2쪽
- **소금** 1자밤
- 간 **돼지고기** 200g
- **남플라**(피시 소스) 약간

[수프]

- **쌀국수** 100g(중간 넓이)
- **식용유** 1큰술
- 으깬 **마늘** 1쪽
- **스톡** 1.2L(고기나 채소 등을 이용한 맛국물 아무거나)
- 맑은 **간장** 2큰술
- **남플라** 2큰술
- **숙주** 100g
- 대충 다진 **청경채** 1포기
- 곱게 다진 **쪽파** 3줄기
- 다진 **고수** 1줌

1. 쌀국수는 물에 담근다. 이렇게 하면 국수가 부드러워지고 꽤 많은 양의 전분이 제거되는데, 이 단계를 건너뛰면 점성이 생겨 수프 국물이 걸쭉해진다.
2. 절구에 백후추, 고수 뿌리, 마늘, 소금을 넣고 빻아 페이스트로 만든다. 깨끗한 볼에 이 페이스트와 간 돼지고기, 남플라를 넣고 손으로 주물러 반죽 형태로 만든다. 반죽을 빚어 미트볼 16개를 만든 다음 한쪽에 둔다.
3. 수프를 만든다. 넓은 냄비에 기름을 두르고 달군 다음, 으깬 마늘을 넣고 향이 진하게 밸 때까지(마늘이 타서 색이 진해지지 않게 주의할 것) 볶는다. 스톡을 붓고 끓인다. 간장과 남플라를 넣고 한소끔 끓인 다음 미트볼을 넣는다. 미트볼이 완전히 익으면(1~2분 정도 걸린다) 물에 불린 국수를 건져 넣는다.
4. 3을 다시 한소끔 끓이다 숙주와 청경채를 넣고 3분 정도 더 끓인다. 국수가 얼마나 익었는지 확인한다. 이때쯤 채소도 살짝 씹히는 맛이 날 정도로 적당히 익었을 것이다.
5. 준비된 개인 볼에 나누어 담고, 쪽파와 다진 고수 잎을 맨 위에 살짝 올린다.

TIPS

» 태국에서는 이 요리에다 '크루앙 프룽(kruang prung)'이라는 4가지 양념 세트를 선택해서 주문할 수 있어요. 이 양념은 남플라 프릭(남플라에 청고추와 홍고추를 잘게 썰어 넣은 생선 간장), 프릭 남 쏨(청고추와 홍고추를 잘게 썰어 넣은 쌀 식초), 프릭 폰(거칠게 빻은 붉은 고춧가루), 남 탄(설탕) 또는 땅콩분태 등입니다

라삼

Rasam

6인분 • 준비 시간 10분 • 조리 시간 40분 • ♥ ♣ WF GF DF V

라삼은 쌀을 곁들여 먹거나, 단독으로 먹는 남인도의 수프입니다.

- 붉은 **렌틸콩** 50g
- **흑후추**(검정 통후추) 1작은술
- **큐민씨** 2작은술
- **말린 홍고추** 3개
- 으깬 **마늘** 2쪽
- 다진 **완숙 토마토** 750g
- **해바라기씨유** 1큰술
- **겨자씨** 1작은술
- **커리 잎*** 10장
- **강황가루** 2자밤
- **타마린드 페이스트** 2큰술
- **물** 750ml
- **소금**, 갓 갈아놓은 **후추**

1. 붉은 렌틸콩은 씻는다. 냄비에 콩을 담고 푹 잠기게 물을 부어, 중불에서 렌틸콩이 부드러워질 때까지 20분간 끓인다. 불에서 내려 한쪽에 둔다.
2. 통후추, 큐민씨, 고추를 작은 팬에 담아 중불에서 약 2분간 볶은 다음, 절구에 넣어 빻거나 잠시 식혔다가 향신료 그라인더로 갈아 가루로 만든다. 이 가루를 으깬 마늘과 잘 섞어 향신료 페이스트를 만들어 한쪽에 둔다.
3. 토마토를 음료 믹서나 푸드 프로세서에 넣고 간다.
4. 큰 냄비에 오일을 두르고 달군다. 겨자씨와 커리 잎을 냄비에 넣고 겨자씨가 톡톡 튀어 오를 때까지 중불에서 볶은 다음, 토마토와 터메릭을 넣는다.
5. 4에 렌틸콩, 향신료 페이스트, 타마린드, 물을 넣고 뭉근하게 끓인다. 약불에서 15분 정도 끓이고, 촘촘한 거름망에 거르거나 푸드 밀*에 갈아 입맛대로 간한다.

✓ 푸드 밀(food mill): 식재료를 잘게 분쇄하는 조리도구.

✓ 커리 잎(curry leaves): 남아시아와 동남아시아에 분포하는 운향과의 나무. 커리나무의 잎은 인도 및 주변국에서 요리에 매우 자주 사용하는 재료다.

콘 차우더

Corn Chowder

4인분 • 준비 시간 15분 • 조리 시간 40분 • WF GF V

옥수수가 풍성한 가을날을 위한 또 하나의 수프입니다.

- **버터** 50g
- 잘게 다진 **양파** 2개
- 으깬 **마늘** 2쪽
- **다진 홍고추** 2개
- **타임** 1줄기(또는 **말린 타임** 1자밤)
- **큐민가루** 넉넉하게 1자밤
- **훈제 파프리카** 넉넉하게 1자밤
- 잘게 다진 빨강 **피망** 1개
- **옥수수** 4개
- 껍질 벗겨서 1cm 크기로 깍둑썰기 한 **구이용 감자** 2개(약 400g)
- **화이트 와인** 약간(약 50ml)
- **우유** 500ml(두유로 대체 가능)
- **물** 250ml
- **소금**, 갓 갈아놓은 **흑후추**

1. 큰 냄비에 버터를 넣고 약불에서 녹인다. 분량의 양파, 마늘, 홍고추, 타임, 큐민가루, 훈제 파프리카, 빨강 피망을 넣고 약 10분간 저어가며 볶는다.
2. 옥수수를 도마 위에 수직으로 세워 톱질하듯이 알갱이를 잘라 몸통과 분리한다. 냄비에 옥수수 알갱이를 넣고, 약 5분간 살짝 갈색을 띨 때까지 계속 저어주며 볶는다. 타지 않도록 주의할 것.
3. 분량의 와인과 감자를 넣고, 중불로 올리고 재료가 타지 않게 빠르게 저으며 1분간 볶는다.
4. 우유를 붓고 뭉근하게 끓인다. 다시 약불로 낮추고 10분간 더 끓인다. 이후 물을 붓고 감자가 부드러워지면서 수프가 걸쭉해지기 시작할 때까지 10분간 더 뭉근하게 끓인다. 입맛에 맞게 간한다.

리볼리타

Ribollita

4인분 • 준비 시간 15분 • 조리 시간 25분 • ♥ ♣ DF V

리볼리타는 토스카나 스타일의 푸짐한 수프로, 이탈리아어로 '다시 끓인'이라는 의미라고 합니다. 이탈리아인이 즐겨 사용하는 딱딱하게 굳은 빵(오래된 빵)을 활용하는 매우 기발한 방법이라고 할 수 있죠. 채소들을 오래 익힐 시간이 충분하다면, 수프는 그만큼 더 맛있어질 겁니다.

- **올리브 오일** 2큰술
- 잘게 다진 **양파** 1개
- 잘게 다진 **셀러리** 3줄기
- 다진 **당근** 큰 것 1개
- **페페론치노** 1자밤
- **말린 오레가노** 1자밤 (선택 사항)
- 으깬 **마늘** 3쪽
- 속대를 제거하고 잘게 채 썬 **사보이 양배추**(다른 양배추도 가능) ¼개
- 다진 **토마토 통조림** 1캔 (400g)
- **소금**, 갓 갈아놓은 **후추**
- 물기 뺀 **볼로티 콩 통조림** (밤콩) 1캔(400g)
- 줄기를 제거하고 채 썬 **블랙 케일*** 300g
- **끓는 물** 400ml
- 2~3cm 크기로 뜯어낸 딱딱해진 **치아바타** 200g
- 차려낼 때 쓸 **엑스트라 버진 올리브 오일**

1. 커다란 냄비에 올리브 오일을 두르고 달군 다음 양파, 셀러리, 당근을 넣고 약불에서 10분간 볶은 후 고추와 오레가노, 마늘을 넣고 잘 저으며 2분 정도 더 볶는다.
2. 여기에 채 썬 양배추와 토마토를 넣고 간한 다음, 잘 섞어 강불로 5분간 볶는다.
3. 냄비에 볼로티 콩과 잘게 채 썬 케일을 넣고 끓는 물을 붓는다. 잘 섞은 다음, 뭉근하게 케일이 연해질 때까지 5분 더 끓인다.
4. 한 컵 정도의 수프를 따로 덜어내어 음료용 믹서나 푸드 프로세서로 갈아서, 수프 냄비에 다시 넣고 잘 섞어 농도를 맞춘다.
5. 수프를 다시 뭉근하게 끓이다 불에서 내리고, 빵 조각들을 넣고 섞는다. 내기 직전 맨 위에 엑스트라 버진 올리브 오일을 듬뿍 뿌리고, 간한다.

✓ 블랙 케일(black kale): 잎의 초록색이 유난히 짙고 표면이 오돌토돌한 특징을 가졌다. 돌기 때문에 '공룡 케일(dinosaur kale)'로, 이탈리아 투스카니 지역에서 많이 사용한다고 '투스칸 케일(Tuscan kale)'로도 불린다. 쓴맛과 단맛을 함께 가진다.

TIPS

» 이 수프의 기본 재료와 조리 과정으로 근사한 미네스트로네를 만들 수 있습니다. 빵 대신 작은 크기의 파스타나 마카로니를 삶아서 넣으면 되거든요.

주키니 호박 수프

Courgette Soup

4인분 • 준비 시간 5분 • 조리 시간 40분 • ♥ ♣ WF GF

이 수프는 계절에 따라 뜨겁게 먹어도, 차갑게 먹어도 좋습니다.

- **주키니 호박** 550g
- **양파** 큰 것 1개
- **버터** 30g
- **닭 육수** 750ml
- **소금**, 갓 갈아놓은 **흑후추**

1. 주키니 호박은 깨끗이 씻어서 얇게 썰고, 양파는 곱게 다진다.
2. 큰 냄비에 버터를 녹이고 다진 양파를 넣는다. 양파는 갈색을 띠지 않고 부드러운 상태가 될 때까지 5분 정도 가볍게 볶는다.
3. 2에 얇게 썬 주키니 호박을 넣고 1분 정도 볶는다. 이후 닭 육수를 붓고 한소끔 끓인 다음, 뚜껑 덮어 30분간 더 뭉근하게 끓인다.
4. 핸드 블렌더나 푸드 프로세서로 수프를 갈아 소금과 후추로 간한다. 뜨거울 때 먹거나, 여름에는 냉장고에 보관했다 차게 먹는다.

차가운 오이 수프

Chilled Cucumber Soup

4인분 • 준비 시간 10분 + 식히는 시간 • ♥ ♣ WF GF V

한여름 대낮의 열기를 차게 식혀줄 간단하고 사랑스러운 수프입니다. 부디 수프를 만들 재료를 가지고 계시길.

- 껍질 벗기고 씨 뺀 **오이** 1kg
- 곱게 다진 **적양파** ½개
- 으깬 **마늘** 2쪽
- 씨 빼고 다진 **풋고추** 1개
- 다진 **민트 잎** 2큰술
- **레몬즙** 레몬 1개 분량
- **꿀** 2큰술
- **올리브 오일** 50ml
- 천연 **요거트** 150g
- **물** 100ml

1. 모든 재료를 푸드 프로세서에 넣고, 수프가 매우 부드러운 상태가 될 때까지 간다. 묽은 수프가 좋다면 물을 조금 더 부어도 된다.
2. 볼에 옮겨 담고, 적어도 2시간 정도 식혀서 먹는다.

가스파초

Gazpacho

2인분 • 준비 시간 10분 + 식히는 시간 • ♥ ♣ WF GF DF V

이 레시피에서는 토마토 씨를 제거하거나 껍질을 벗기지 않습니다. 더 부드러운 수프를 원한다면 푸드 밀을 사용하세요.

- 씨 뺀 **녹색 피망** 1~2개
- 즙이 많은 **붉은 토마토** 8개
- 껍질 벗긴 **오이** 1개
- 으깬 **마늘** 4쪽
- 질 좋은 **올리브 오일** 4큰술
- **화이트 와인 비니거** 2큰술
- **소금**

1. 모든 재료들을 음료 믹서나 블렌더에 넣고 부드러워질 때까지 간다.
2. 간을 보고 취향에 따라 올리브 오일이나 화이트 와인 비니거를 추가한다.
3. 볼에 옮겨 담고 적어도 2시간 이상, 가능하면 더 오래 차게 식힌다. 차가운 수프를 보온병에 담으면 보관성과 휴대성이 월등히 좋다.

TIPS

» 차게 식힐 시간 없이 빨리 차려내고 싶다면, 재료를 갈 때 얼음 조각 몇 개를 넣고 함께 갈아주세요.

이 레시피는 스페인에서 휴가를 보내는 동안 조리법을 알게 된 친구 데이브와 조가 알려준 것으로, 상당한 양의 마늘과 화이트 와인 비니거가 사용된 전통적이고도 간단한 가스파초다. 나는 이 방식이 좋지만, 여러분은 원하는 만큼 마늘과 화이트 와인 비니거의 양을 조절해서 만들면 된다. 덧붙이자면, 나는 가스파초가 녹색 피망을 가장 가치 있게 사용할 수 있는 몇 안 되는 사례 중 하나라고 생각한다.

– 헨리

호박, 옥수수, 콩 스튜
Squash, Corn & Bean Stew

4인분 • 준비 시간 15분 • 조리 시간 30분 • ♥ WF GF DF V

모닥불의 온기가 간절한 쌀쌀한 날에 어울리는 요리입니다. 이 스튜는 약간의 채소 스톡을 첨가해서 묽게 만들어 수프로도 활용할 수 있습니다. 토르티야 칩을 맨 위에 뿌려주면 별미랍니다.

- **올리브 오일** 2큰술
- 다진 **양파** 중간 크기 2개
- 다진 **빨강 피망** 1개
- 으깬 **마늘** 3쪽
- **큐민가루** 1작은술
- **파프리카가루** 2작은술
- **옥수수 알갱이** 옥수수 2개 분량
- 껍질 벗겨 사방 0.5cm 크기로 깍둑썰기 한 **버터넛 스쿼시 호박** 400g
- 큼직하게 다진 **토마토** 큰 것 4개
- **소금**, 갓 갈아놓은 **흑후추**
- **채소 스톡** 250ml
- 물기 뺀 **핀토 빈*** **통조림** 1캔 (440g)

1. 올리브 오일을 두른 큰 냄비를 중불에 달군 다음 양파, 빨강 피망, 마늘을 넣고 5분간 볶는다.
2. 여기에 큐민가루, 파프리카가루와 옥수수 알갱이, 호박, 토마토를 넣고 잘 섞는다. 채소들이 팬에 들러붙지 않게 잘 저으면서 5분간 더 볶은 다음, 간한다.
3. 채소 스톡을 붓고 뭉근하게 끓이다 뚜껑을 덮고 호박이 연해질 때까지 20분 정도 서서히 더 끓인다.(필요하면 스톡이나 물을 추가한다.)
4. 물기를 뺀 콩을 넣고 잘 저어서 콩이 따뜻해지도록 데운다. 입맛에 맞게 간한다.

✓ 핀토 빈(Pinto Bean): 색깔이 알록달록하여 호랑이콩이라고도 부르며 맛은 강낭콩과 비슷하다. 열을 가하면 핀토빈의 갈색 반점이 사라지고 콩 전체가 분홍색 혹은 붉은 갈색으로 변한다.

TIPS

» 우리는 다루기 쉬운 버터넛 스쿼시 호박을 사용했지만, 단호박이나 늙은 호박도 잘 어울립니다.

» 매운 맛을 좋아하면 레시피의 1에서 빨강 피망은 다져서 넣으면 됩니다.

» 핀토빈 대신 볼로티 콩이나 흰강낭콩도 좋아요.

TARTS & FRITTATAS

– 타르트와 프리타타 –

프렌치 어니언 타르트

French Onion Tart

4인분 • 준비 시간 30분 + 레스팅(휴지) 시간 • 조리 시간 25~30분 • ♥

이 레시피는 프랑스 전통 요리인 피살라디에르*를 차용했지만, 스펠트 밀가루*로 대체해 사용했습니다. 만들기 간단하지만 매우 다재다능한 요리라 할 수 있죠. 대체할 수 있는 토핑은 무한대에 가깝습니다.

[스펠트 페스트리]

- **스펠트 밀가루** 125g
- **소금** 1자밤
- **설탕** 1자밤
- 조각낸 차가운 **버터** 100g
- **얼음물** 4큰술

[토핑]

- **올리브 오일** 3큰술
- 얇게 썬 **양파** 2개
- **식초** 1큰술
- **물** 2작은술
- **타임** 작은 1다발
- **블랙 올리브** 50g
- **엔초비** 6개
- **소금**, 갓 갈아놓은 **흑후추**
- **달걀물** 달걀 1개 분량

✓ 피살라디에르(pissaladiere): 토마토 대신 단맛이 나는 양파 퓌레와 엔초비, 블랙 올리브로 만든 남프랑스식 피자.

✓ 스펠트 밀가루(spelt flour): 기원전 5천 년부터 존재한 밀의 고대 종으로 만든 밀가루. 일반 밀보다 칼로리 및 혈당 지수가 낮고 소화가 잘 되어 건강식으로 각광받고 있다. 글루텐 성분이 함유되어 있어 빵, 쿠키를 만드는 데 적합하고 밀 알레르기가 있는 사람도 먹을 수 있다. 스펠트 밀은 단맛과 견과류 맛이 난다. 우리 밀과 비슷하다.

1. 스펠트 밀가루로 페스트리를 만든다. 분량의 밀가루, 소금, 설탕을 볼에 담고 차가운 버터를 넣은 다음, 도우 커터기로 칼로 썰듯이 섞어 반죽한다. 이 과정에서 반죽 안에 생각보다 좀 큰 버터 덩어리(마늘 1쪽 정도의 크기)가 남아있어야 바삭한 페스트리가 완성된다.
2. 반죽에 얼음물을 뿌리고, 공 모양으로 만든다.
3. 페스트리 도우 반죽에 랩을 씌우고 냉장고에 넣어 약 30분간 휴지한다.
4. 도우 반죽이 휴지되는 동안 토핑을 만든다. 바닥이 두꺼운 팬에 기름을 두르고 달군 다음, 얇게 썬 양파를 넣는다. 가끔씩 저어주면서 양파가 타지 않도록 볶는다. 양파가 캐러멜라이징되고 부드러워지는지 지켜봐야 한다.
5. 양파가 다 익으면(약 7~8분 정도 경과 후) 식초와 물을 넣고, 타임 잎을 뜯어 흩뿌린 후 그릇에 옮겨 담아 식힌다.

6. 오븐을 160℃로 예열한다.

7. 올리브는 씨를 빼고 적당한 크기로 자른다. 표면에 밀가루를 뿌린 도우를 밀대로 밀어 약 3mm 두께로 만든 다음, 베이킹 시트로 옮긴다. 가장 자리를 살짝 남기고 반죽 전체에 골고루 식힌 양파, 엔초비, 올리브를 보기 좋게 올리고 소금과 후추로 간한다.

8. 반죽 가장자리에 조리용 붓으로 달걀물을 바르고 페스트리를 오븐에 넣어 25~30분간 굽는다.

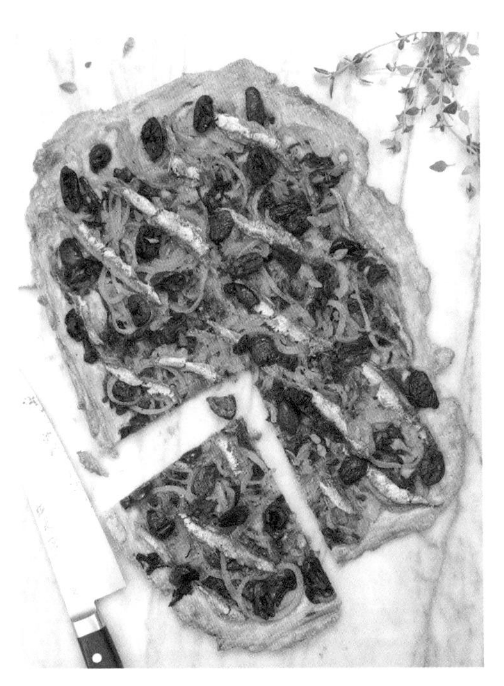

다르게 만들기

버팔로 타르트: 양파, 얇게 썬 버팔로 모차렐라 치즈, 토마토, 바질, 올리브 오일.

소시지와 세이지 타르트: 양파, 작게 자른 소시지, 다진 세이지.

토마토와 타임 타르트: 얇게 펴 바른 디종 머스터드, 양파, 얇게 썬 토마토, 타임.

브로콜리와 고트 치즈 타르트: 양파, 잘게 조각 낸 브로콜리, 구운 다음에 뿌릴 고트 치즈 부스러기.

토마토, 타임, 고트 치즈 타르트

Tomato, Thyme & Goat's Cheese Tart

4~6인분 • 준비 시간 15분 • 조리 시간 20~25분 • V

1분 만에 준비해서 더 이상 빠를 수도 없을 점심식사를 만들 수 있습니다.

- **퍼프 페스트리** 시트 1장
- **엑스트라 버진 올리브 오일** 2큰술
- 2등분한 **방울토마토**(또는 4등분한 작은 토마토) 400g
- 잎만 따낸 **타임** 4줄기
- 껍질 벗겨 잘게 다진 **마늘** 1쪽
- **소금**, 갓 갈아놓은 **흑후추**
- 부드러운 **고트 치즈** 80g

1. 오븐을 220℃로 예열한다.
2. 베이킹 트레이에 유산지를 깔고, 얇게 민 퍼프 페스트리 도우를 그 위에 잘 펴서 올린다. 날카로운 칼로 가장자리 2cm 안쪽을 따라 각 면에 칼집을 한 줄씩 낸다.(바닥을 뚫을 정도로 칼집을 내지 않도록 주의) 이 과정이 부풀어 오른 타르트의 가장자리를 바삭하게 만든다.
3. 올리브 오일, 방울토마토, 타임 잎, 마늘을 볼에 담고, 재료에 올리브 오일을 잘 코팅시킨다. 소금과 후추로 간하고 다시 한 번 섞는다.
4. 3을 2의 칼집 밖을 벗어나지 않도록 조심하면서 페스트리 위에 잘 펼쳐 올린다.
5. 4의 사이사이에 고트 치즈를 부스러뜨려 올린다.
6. 후추를 갈아 뿌린 다음, 페스트리를 오븐에 넣는다. 반죽이 노릇해지면서 바삭하게 부풀어 오르고, 토마토가 살짝 작아지면서 치즈가 녹을 때까지 약 20분간 굽는다.

TIPS

» 살짝 달콤하게 만들려면 토마토 대신 무화과를 잘라 올려도 좋습니다. 그 외의 나머지 방법은 그대로 따르되, 먹기 직전 묽은 꿀을 듬뿍 뿌려 드세요.

근대와 베이컨 타르트

Chard & Bacon Tart

6~8인분 • 준비 시간 25분 • 조리 시간 40~50분

바삭한 페스트리 위에 크림, 베이컨, 근대와 치즈의 환상적인 조합! 푹 빠질 수밖에 없는 요리죠. 게다가 페스트리를 밀어서 펼 필요도 없답니다.

- **라르동** 혹은 다진 **베이컨** 70g
- **올리브 오일** 1큰술
- 껍질 벗겨 얇게 썬 **마늘** 1쪽
- 채 썬 **근대 잎**이나 **케일** 100g
- **소금**, 갓 갈아놓은 **흑후추**
- **달걀물** 달걀 2개 분량
- **달걀노른자** 1개
- **더블 크림** 200ml
- **그뤼에르 치즈** 100g
- 잎만 따낸 **타임** 1~2줄기

[페스트리]

- **밀가루** 250g
- 냉장고에서 바로 꺼내 깍둑썰기 한 **무염버터 125g**
- **소금** 넉넉하게 1자밤
- **얼음물** 작은 1컵

1. 오븐을 200℃로 예열하고 지름 23cm 크기의 바닥이 분리되는 코팅 타르트 틀에 버터를 바른다.
2. 먼저 페스트리를 만든다. 큰 볼에 밀가루와 버터를 계량해서 넣고 밀가루와 버터가 잘 섞이도록 손가락으로 비빈다. 고운 빵가루 상태가 될 때까지 손가락으로 들어 올려 비벼가며 반죽한다.
3. 여기에 소금을 넣고, 반죽이 서로 뭉칠 때까지 얼음물을 한 번에 1작은술씩 넣어 반죽한다. 절대 물을 한꺼번에 많이 넣으면 안 된다. 페스트리가 딱딱해진다.
4. 반죽을 대충 둥글게 뭉쳐서, 준비된 타르트 틀 바닥과 옆면이 고르게 덮이도록 손가락 끝으로 부드럽게 눌러 펴준다. 반죽 전체를 유산지로 덮고, 베이킹 빈*을 얹어 중량을 가한다. 오븐에 넣어 약 10분간 굽는다.
5. 프라이팬을 중불로 달구고 라르동이나 다진 베이컨이 완전히 익을 때까지 5분 정도 굽는다. 건져서 한쪽에 둔다.

✓ 베이킹 빈(baking beans): 타르트 반죽이 부풀어 오르는 것을 방지하기 위해 얹는 콩 모양의 돌을 말한다.

6. 5의 팬을 잘 닦아내고 다시 불에 올려 올리브 오일을 두른다. 마늘을 넣고 색이 너무 진해지지 않게 유의하며 1분 정도 튀기듯 볶은 다음, 여기에 근대와 소금을 넣고 숨이 죽을 정도만 살짝 익힌다. 불에서 내리고 한쪽에 잠시 두었다가 거름망에서 기름을 살짝 빼고, 식으면 남은 수분을 짜낸다.
7. 오븐에서 타르트 틀을 꺼낸다. 주의해서 유산지와 베이킹 빈을 걷어내고 다시 오븐에 넣은 후 바삭해지도록 5분간 더 굽는다.
8. 깨끗한 볼에 달걀물, 달걀노른자, 크림, 소금, 후추를 넣고 전동 거품기로 돌린다. 그뤼에르 치즈와 타임 잎을 넣고 더 섞은 다음, 소금과 후추로 간한다.
9. 오븐에서 타르트 틀을 꺼내고 6의 근대를 타르트 바닥에 고르게 흩뿌린다. 라르동 또는 베이컨 조각도 위에 뿌리고, 8의 크림과 달걀 믹스를 붓는다.
10. 내용물이 부풀어 오르고 페스트리가 먹음직스러운 갈색을 띨 때까지 30~40분간 오븐에서 굽는다.

하티의 달콤한 양파 프리타타

Hattie's Sweet Onion Frittata

4인분 • 준비 시간 15분 • 조리 시간 30분 • ♥ WF GF V

이 요리는 샐러드와 빵 한 조각과 함께 먹을 수 있는 아주 저렴하면서도 실속 있는 점심식사입니다.

- **양파** 800g
- **이탈리아 파슬리** 1줌
- **버터** 50g
- **달걀** 큰 것 8개
- **소금**, 갓 갈아놓은 **흑후추**

1. 양파는 껍질 벗기고 반달 모양으로 얇게 썰고, 파슬리는 큼직하게 대충 다진다. 넓은 팬에 버터를 녹이고 양파를 넣는다. 약불에서 양파가 부드러워지고 단맛이 날 때까지 뚜껑을 덮고 25분 정도 익힌다. 타지 않게 중간중간 뒤적인다. 양파가 익을 동안 그릴을 중불로 달군다.
2. 깨끗한 볼에 달걀을 깨트려 넣고 잘 풀어, 소금과 후추로 간한다.
3. 1의 양파를 달걀을 푼 볼에 넣고 잘 섞은 다음, 다진 파슬리를 넣는다. 이렇게 섞은 후 양파를 익혔던 팬에 다시 넣거나 좀 더 작은 팬에 옮기는데, 팬이 넓으면 프리타타는 아주 얇게 완성된다.
4. 프리타타의 바닥이 타지 않도록 주의하여 아주 서서히 익힌다. 맨 위쪽(약간 흐를 것 같은 상태)을 제외하고 다 익었다고 생각되면 불에서 내리고 그릴 아래쪽에 넣어 위쪽을 마저 익힌다.
5. 미지근할 정도로 식혔다가 샐러드와 함께 먹는다.

TIPS

» 갈아 낸 파르메산 치즈는 달걀과 잘 어울리는 재료입니다. 다른 채소가 있다면 어느 것이든 양파와 섞어 넣어도 좋아요. 완두콩이나 피망도 훌륭하고, 차가운 감자도 좋아요. 처치 곤란한 오래된 치즈 쪼가리가 있다면 넣어도 좋습니다.

» 키시나 타르트로 만들고 싶으면, 25cm 크기의 타르트 틀에 퍼프 페스트리나 숏 크러스트 페스트리를 깔고(숏 크러스트 페스트리를 사용한다면 필링 없이 반죽만 예열된 오븐에 15분 정도 먼저 구워야 합니다) 이후 양파 필링으로 속을 채우고, 180℃로 예열된 오븐에 노릇노릇하게 잘 익을 때까지 25~30분간 굽습니다.

아스파라거스와 야생 마늘 프리타타

Asparagus & Wild Garlic Frittata

4인분 • 준비 시간 10분 • 조리 시간 10분 • WF GF

거의 같은 계절에 나는 아스파라거스와 야생 마늘을 사용한 간편한 점심식사입니다. 마늘 잎 대신 민트나 바질을 사용해도 좋아요.

- **아스파라거스** 350~400g
- **달걀** 6개
- **화이트 와인** 1큰술
- 강판에 간 **페코리노 치즈** 또는 **파르메산 스타일 치즈** 2큰술
- **소금**, 갓 갈아놓은 **흑후추**
- **올리브 오일** 1큰술
- 으깬 **마늘** 1쪽
- 씻어서 잘게 채 썬 **야생 마늘잎** 작은 1다발

1. 아스파라거스를 손질한다. 먼저 딱딱한 끝단을 잘라서 제거하고 2~3cm 길이로 자른 다음, 아스파라거스가 잠길 만큼 물을 부은 팬에 소금을 넣고 끓인다. 2~3분간 데친 후 건진다.
2. 볼에 달걀, 화이트 와인, 치즈 1큰술을 넣고 섞은 다음, 간한다.
3. 그릴을 달군다. 22~24cm 크기의 코팅 팬에 오일을 두르고 달군 후 아스파라거스, 마늘, 야생 마늘잎을 넣고 중불에서 2분간 볶은 후 불을 낮춘다.
4. 2의 달걀 믹스를 팬에 붓고 재료들 사이에 골고루 채워지도록 나무주걱으로 가장자리로 흐르는 달걀 믹스를 안쪽으로 끌어 모으면서 5분 정도 서서히 익힌다.
5. 남은 치즈를 뿌리고, 그릴 아래쪽에 잠깐 넣어 윗면을 익혀 마무리한다.
6. 팬에서 밀어내듯이 넓은 접시에 담고 웨지 형태로 썬다.

다르게 만들기

브로콜리 프리타타: 보라색 싹 브로콜리*(보라콜리)를 아스파라거스 대신 사용한다.

가지 프리타타: 깍둑썰기 한 가지나 애호박을 사용한다. 이 경우는 데치지 말고, 살짝 볶아서 달걀 믹스에 넣는다. 달걀 믹스에 넣기 전 살짝 볶는다.

양파와 피망 프리타타: 볶은 양파와 피망을 넣으면 프리타타가 더욱 맛있어진다. 약간의 식초와 설탕, 채 썬 바질을 듬뿍 넣고 익혀서 달걀 믹스에 넣는다.

✓ 보라색 싹 브로콜리(Purple Sprouting Broccoli): 양배추의 일종인 브로콜리는 하얀색부터 다양한 녹색 그리고 매우 진한 보라색에 이르기까지 디양하다. 보라색 브로콜리는 일반 브로콜리보다 훨씬 향이 진하며, 버터나 디핑 소스와 함께 곁들여 먹는다.

SANDWICHES & SMALL BITES

– 샌드위치와 한입 먹거리 –

농부의 도시락
Ploughman's in a Box

2인분 • 준비 시간 15분 • ♣

영국의 대중음식을 대표하며, 편의성까지 갖춘 완벽한 축제음식입니다.

- **체다 치즈** 250g
- 품질 좋은 **햄** 4장
- **양파 피클** 큰 것 2개
- 아삭한 **사과** 2개
- 좋아하는 **빵** 2쪽
- **무염버터** 50g
- 다듬은 **셀러리** 2줄기
- **브랜스턴* 피클**(또는 집에서 만든 **처트니***) 약간
- **소금**, 갓 갈아놓은 **후추**
- **섄디*** 600ml(선택 사항)

✓ 브랜스턴(Branston): 영국의 통조림 브랜드 중 하나.

✓ 처트니(chutney): 인도의 소스로 과일이나 채소에 향신료를 넣어 만든다.

✓ 섄디(shandy): 맥주와 레몬에이드를 섞은 음료.

1. 예쁜 도시락 통을 준비할 것. 세월의 흔적이 묻은 것이면 더할 나위 없겠지만, 타파웨어나 갈색 골판지 도시락 상자도 좋다. 섄디를 제외한 모든 재료들은 도시락을 열었을 때 감탄이 나올 만큼 예쁘게 담을 것. 도시락 통은 끈으로 묶어 장식한다.
2. 섄디는 차갑게 냉장했다 마신다.
3. 소풍이다!

TIPS

» 체다 치즈는 여러분이 좋아하는 치즈로 얼마든지 대체할 수 있어요.

» 기호에 따라 약간의 쪽파, 양상추 혹은 엔다이브를 웨지 형태로 잘라 곁들여도 좋습니다.

즉위 60주년 기념 치킨 샌드위치

Diamond Jubilee Chicken Sarnie

4인분 • 준비 시간 15분 • ♥

이 새로운 레온 버전 새니, 즉 샌드위치는 1953년 엘리자베스2세 여왕의 즉위식에서 로즈마리 흄과 콘스탄스 스프라이가 선보인 세계적으로 유명한 대관식 닭요리를 응용한 것입니다. 우리는 카리브해의 찬란한 다민족문화에 대한 오마주로, 좀 더 담백하고 매콤하게 만들어봤습니다.

- 걸쭉한 **요거트** 2큰술
- **마요네즈** 1큰술
- **커리가루** 2큰술
- **소금**, 갓 갈아놓은 **흑후추**
- 식힌 **로스트 치킨** 300g
- 좋아하는 **빵** 4조각

[망고 살사]

- 껍질 벗겨 씨 뺀 완숙 **망고** 2개
- 갓 짜낸 **라임즙** 넉넉하게
- 씨 빼고 다진 **스카치 보넷*** **고추** ¼개
- 곱게 다진 **적양파** ½개
- 곱게 다진 **고수** 1줌
- **소금**, 갓 갈아놓은 **흑후추**

✓ 스카치 보넷(scotch bonnet): 자마이카에서 주로 재배되며 청양 고추 보다 10~20배 정도 더 맵다.

1. 넓은 볼에 분량의 요거트와 마요네즈, 커리가루, 소금, 후추를 한꺼번에 넣고 대충 섞는다. 맛을 보고 필요하면 간을 더 한다.
2. 1에 잘게 채 썬 로스트 치킨을 넣고 소스가 골고루 입혀지도록 버무린다. 들고 다닐 수 있도록, 밀폐용기에 옮겨 담는다.
3. 망고는 깍둑썰기 하고 망고 살사 재료를 한꺼번에 섞어 간하고, 밀폐용기나 뚜껑 있는 병에 나누어 담는다.
4. 커리 맛 치킨 믹스를 각각의 빵 조각 위에 얹는다.
5. 맨 위에 망고 살사를 올린다.

매리언의 스카치 에그
Marion's Scotch Eggs

6인분 • 준비 시간 20분 • 조리 시간 15분 • ♣ DF

존의 어머니이자 레온의 아내인 매리언은 스카치 에그의 달인입니다. 스카치 에그가 가장 맛있는 상태인 따뜻할 때 먹을 수도, 주말여행을 떠나면서 해변에 싸가지고 갈 수도 있죠. 존은 통째로 먹는 게 좋은지 반으로 잘라서 먹는 게 좋은지, 여전히 모르겠답니다. 유일한 해결책은 둘 다 해보는 겁니다. 하나는 통째로, 하나는 반으로 나눠서.

- **달걀** 6개
- 지방이 풍부한 부위의 **다짐육** 500g(소고기나 돼지고지 또는 둘을 섞은 것)
- **소금**, 갓 갈아놓은 **흑후추**
- **잉글리시 머스터드** 2작은술
- **빵가루** 2줌
- **식용유** 4큰술

1. 달걀은 삶은 다음 껍질을 벗기고 키친타월로 닦아 물기를 제거한다.
2. 고기에 소금과 후추, 머스터드로 간한다.
3. 손에 물을 묻히고 2의 고기를 6등분하여 달걀 크기 정도로 둥글게 빚는다.
4. 접시에 빵가루를 펼쳐 담는다.
5. 6등분한 고기를 하나씩 손바닥으로 눌러, 납작한 원형으로 만든다. 납작한 고기 반죽 가운데에 삶은 달걀을 하나씩 넣고 고기가 달걀을 완전히 덮도록 살살 주물러 감싼다. 그 다음, 표면에 빵가루가 완전히 덮이도록 살살 굴려 묻힌다.
6. 팬에 기름을 채우고 가열하고, 스카치 에그가 노릇노릇해질 때까지 천천히 튀긴다.

TIPS

» 실력을 뽐내고 싶다면, 노른자가 살짝 덜 익을 정도로 달걀을 삶으면 됩니다.

» 스카치 에그의 크기를 다르게 하려면 오리알이나 메추리알도 사용할 수 있습니다.

» 어떤 책에서는 스카치 에그를 기름에 푹 잠기게 하고 튀기라고 하던데… 아니오, 아니오, 우리는 동의하지 않아요.

이집트 팔라펠

Egyptian Falafels

3~4인분(16개) • 준비 시간 20분 + 콩 불리는 시간 + 식히는 시간 • 조리 시간 10분 • WF GF V

아무런 사전 준비 없이 쉽게 만들 수 있는 이 아랍의 전통 음식은 참 맛있는 점심 간식입니다. 전통적인 이집트 팔라펠은 병아리콩이 아니라 잠두콩으로 만들죠. 다른 것들과는 달리 레온의 팔라펠은 글루텐 프리 음식이자, 비건식입니다

- 쪼개서 **말린 잠두콩** 500g
- **고수** 크게 1다발
- **민트 잎** 10장
- **홍고추** 1개
- **적양파** 1개
- **카이엔 페퍼** 1작은술
- **큐민가루** 1작은술
- **시나몬가루** ½작은술
- **굵은 소금** 3자밤
- 갓 갈아놓은 **흑후추** 3자밤
- 강판에 간 **레몬 제스트** 레몬 2개 분량
- 튀김용 **식용유**

[민트 요거트 소스]

- **민트 잎** 8장
- **천연 요거트** 350g
- **레몬즙** 레몬 ½개 분량

1. 콩을 하룻밤 불려야 하긴 하지만, 모든 조리는 기름에 튀기면서 완성되기 때문에 콩을 삶으면 안 된다. 불린 후에는 건져서 물기를 뺀다.
2. 허브와 고추, 양파를 대충 다진다. 콩, 홍고추, 적양파, 카이엔 페퍼, 큐민가루, 시나몬가루, 후추, 레몬 제스트를 푸드 프로세서에 넣고 곱게 간다. (단, 페이스트 상태로는 만들지는 말 것.)
3. 2를 탁구공 크기로 둥글게 빚어 접시에 담고, 냉장고에 30분간 넣어둔다.
4. 요거트 소스를 만든다. 민트 잎을 잘게 다져 볼에 넣고 요거트, 레몬즙과 함께 잘 섞는다. 소금과 후추로 간하고, 내기 전까지 냉장고에 보관한다.
5. 3의 패티를 다 넣어도 서로 겹치지 않을 정도로 넓고 깊은 냄비에 식용유를 넉넉하게 붓고 가열한다. 식용유가 충분히 뜨거워지면(약 180℃) 패티를 조금 떼어 조심스레 기름에 넣어 온도를 확인한 다음, 패티가 짙은 황갈색을 띨 때까지 3~4분간 튀긴다.
6. 패티는 키친타월에 올려서 잠시 기름기를 빼고 소금을 살짝 뿌린다. 요거트 소스와 드레싱에 살짝 버무린 샐러드, 피타 브레드와 함께 먹는다.

매콤한 닭다리

Spicy Chicken Drumsticks

4인분 • 준비 시간 3분 • 조리 시간 45분 • ♣ WF GF DF

이보다 더 간단할 순 없습니다! 허기가 휘몰아치는 점심시간에 바로 꺼내 먹을 수 있도록 냉장고에 보관하기 좋은 요리입니다.

- **닭다리** 8개
- **엑스트라 버진 올리브 오일** 1큰술
- 묽은 **꿀** 1큰술
- 순한 **커리가루** 2작은술
- **소금**, 갓 갈아놓은 **흑후추**
- **레몬** ½개

1. 오븐을 240℃로 예열한다.
2. 베이킹 트레이에 알루미늄 포일을 깐다. 이때 포일을 트레이 바닥에 딱 맞게 까는 게 아니라, 트레이 가장자리를 다 감쌀 수 있도록 한다.
3. 날카로운 칼로 닭다리의 옆면에 칼집을 넣는다. 이렇게 하면 간이 더 잘 배어들고, 고기가 고르게 익는다.
4. 볼에 닭고기와 분량의 오일, 꿀, 커리가루를 넣고 닭고기에 양념이 입혀지도록 잘 섞은 다음, 베이킹 트레이로 옮기고 소금과 후추를 뿌린다. 오븐에 넣고 15분마다 뒤집어 주면서, 45분간 굽는다.
5. 오븐에서 꺼내서 몇 분간 식힌 다음, 레몬즙을 뿌린다.

단위 환산표

액체

15 ml	½ fl oz
25 ml	1 fl oz
50 ml	2 fl oz
75 ml	3 fl oz
100ml	3½ fl oz
125 ml	4 fl oz
150 ml	¼ pint
175 ml	6 fl oz
200 ml	7 fl oz
250 ml	8 fl oz
275 ml	9 fl oz
300 ml	½ pint
325 ml	11 fl oz
350 ml	12 fl oz
375 ml	13 fl oz
400 ml	14 fl oz
450 ml	¾ pint
475 ml	16 fl oz
500 ml	17 fl oz
575 ml	18 fl oz
600 ml	1 pint
750 ml	1¼ pints
900 ml	1½ pints
1 litre	1¾ pints
1.2 litres	2 pints
1.5 litres	2 ½ pints
1.8 litres	3 pints
2 litres	3½ pints
2.5 litres	4 pints
3.6 litres	6 pints

무게

5 g	¼ oz
15 g	½ oz
20 g	¾ oz
25 g	1 oz
50 g	2 oz
75 g	3 oz
125 g	4 oz
150 g	5 oz
175 g	6 oz
200 g	7 oz
250 g	8 oz
275 g	9 oz
300 g	10 oz
325 g	11 oz
375 g	12 oz
400 g	13 oz
425 g	14 oz
475 g	15 oz
500 g	1 lb
625 g	1¼ lb
750 g	1½ lb
875 g	1¾ lb
1 kg	2 lb
1.25 kg	2½ lb
1.5 kg	3 lb
1.75 kg	3½ lb
2 kg	4 lb

» 파인트(pint): 액량 및 건량의 단위. 영국에서는 0.568L, 미국에서는 0.473L. 8파인트가 1갤런.

» 온스(oz, fl oz-액량 온스): 영국에서는 20분의 1, 미국에서는 16분의 1파인트(pint)에 해당하는 액체의 양.

» 파운드(lb): 무게를 재는 단위 약 454그램 정도의 양.

길이

5 mm	¼ inch
1 cm	½ inch
1.5 cm	¾ inch
2.5 cm	1 inch
5 cm	2 inches
7 cm	3 inches
10 cm	4 inches
12 cm	5 inches
15 cm	6 inches
18 cm	7 inches
20 cm	8 inches
23 cm	9 inches
25 cm	10 inches
28 cm	11 inches
30 cm	12 inches
33 cm	13 inches

오븐 온도

110°C	(225°F)	Gas Mark ¼
120°C	(250°F)	Gas Mark ½
140°C	(275°F)	Gas Mark 1
150°C	(300°F)	Gas Mark 2
160°C	(325°F)	Gas Mark 3
180°C	(350°F)	Gas Mark 4
190°C	(375°F)	Gas Mark 5
200°C	(400°F)	Gas Mark 6
220°C	(425°F)	Gas Mark 7
230°C	(450°F)	Gas Mark 8

다른 방식의 오븐 사용하기

이 책에 있는 모든 레시피들은 팬(컨백션 오븐의 열대류용 송풍팬)이 없는 구형 오븐에서 테스트를 거쳐 완성했습니다. 만약 팬이 장착된 오븐을 사용한다면, 레시피에 명시된 온도에서 20℃ 정도 낮게 설정해야 합니다.

팬이 장착된 현대식 오븐들은 오븐 전체에 열기를 매우 효과적으로 순환시키기 때문에 오븐의 어느 자리에 재료를 넣고 조리할지, 위치 선정에 신경 쓸 필요가 없습니다.

여러분이 어떤 형태의 오븐을 사용하든지 간에, 오븐은 저마다의 특성이 있다는 것을 알게 될 거예요. 따라서 어떠한 오븐 요리 레시피라도 지나치게 얽매일 필요는 없습니다. 오븐의 작동 원리를 이해하고, 그때그때 변수들을 조절하면 된다는 것만 명심하시길.

일러두기

특별한 지시사항이 없다면, 이 책의 모든 레시피에는 중간 크기의 달걀을 사용했습니다.

우리는 이 책에 기재된 모든 준비 시간과 조리 시간의 정확도를 기하기 위해 최선을 다했지만, 책에 명시한 시간들은 우리가 테스트를 진행하는 동안의 시간에 기초한 추정일 뿐입니다. 불변의 진리가 아니라, 그저 길잡이일 뿐입니다.

또한 이 책에서 다루는 모든 음식에 대한 정보들을 자료화하는데 주의를 기울였습니다. 하지만 우리는 과학자가 아닙니다. 따라서 우리의 음식에 대한 정보와 영양에 대한 충고들은 절대적이지 않습니다. 혹시 영양에 대한 전문적인 상담이 필요하다고 느낀다면 의사와 상의하십시오.

♥	포화지방 낮음	GF	글루텐 프리
♣	혈당(GI) 지수 낮음	DF	유제품 프리
WF	밀 프리	V	베지테리언

레시피 찾아보기

주석 찾아보기

✓ 그린빈스(green beans): 풋 강낭콩, 깍지콩, 프렌치 빈 등으로도 불리며, 흔히 껍질째 먹는다. • 14

✓ 버터넛 스쿼시(butternut squash): 땅콩을 닮아 땅콩호박이라고도 불리며 버터와 견과류의 맛이 함께 난다. • 22

✓ 베이킹 빈(baking beans): 타르트 반죽이 부풀어 오르는 것을 방지하기 위해 얹는 콩 모양의 돌을 말한다. • 46

✓ 보라색 싹 브로콜리(Purple Sprouting Broccoli): 양배추의 일종인 브로콜리는 하얀색부터 다양한 녹색 그리고 매우 진한 보라색에 이르기까지 다양하다. 보라색 브로콜리는 일반 브로콜리보다 훨씬 향이 진하며, 버터나 디핑 소스와 함께 곁들여 먹는다. • 51

✓ 브랜스턴(Branston): 영국의 통조림 브랜드 중 하나. • 54

✓ 블랙 케일(black kale): 잎의 초록색이 유난히 짙고 표면이 오돌토돌한 특징을 가졌다. 돌기 때문에 '공룡 케일(dinosaur kale)'로, 이탈리아 투스카니 지역에서 많이 사용한다고 '투스칸 케일(Tuscan kale)'로도 불린다. 쓴맛과 단맛을 함께 가진다. • 32

✓ 사보이 양배추(savoy cabbage): 잎에 격자무늬의 조직이 있는 양배추로 일반 양배추보다 더 부드럽고 봉오리가 펴져 있는 모양이다. 조직이 연해서 주로 속을 채우거나 말아서 요리에 사용한다. • 21

✓ 섄디(shandy): 맥주와 레몬에이드를 섞은 음료. • 54

✓ 스카치 보넷(scotch bonnet): 자마이카에서 주로 재배되며 청양 고추 보다 10~20배 정도 더 맵다. • 56

✓ 스펠트 밀가루(spelt flour): 기원전 5천 년부터 존재한 밀의 고대 종으로 만든 밀가루. 일반 밀보다 칼로리 및 혈당 지수가 낮고 소화가 잘 되어 건강식으로 각광받고 있다. 글루텐 성분이 함유되어 있어 빵, 쿠키를 만드는 데 적합하고 밀 알레르기가 있는 사람도 먹을 수 있다. 스펠트 밀은 단맛과 견과류 맛이 난다. 우리 밀과 비슷하다. • 42

✓ 처트니(chutney): 인도의 소스로 과일이나 채소에 향신료를 넣어 만든다. • 54

✓ 타진(tagine): 모로코의 전통 스튜로, 일반적으로 소고기와 양고기, 닭고기 등 육류가 많이 사용된다. 〈7가지 채소를 곁들인 쿠스쿠스〉 레시피 중 채소 조리법(1~4번)이 타진 요리와 같다. • 23

✓ 팔라펠(falafel): 병아리콩이나 작두콩에 다진 마늘이나 양파, 파슬리, 커민, 고수씨, 고수잎 등을 갈아 만든 반죽을 둥글게 만들어 튀긴 중동 요리. • 13

✓ 푸드 밀(food mill): 식재료를 잘게 분쇄하는 조리도구. • 30

✓ 피살라디에르(pissaladiere): 토마토 대신 단맛이 나는 양파 퓌레와 엔초비, 블랙 올리브로 만든 남 프랑스식 피자. • 42

✓ 핀토 빈(Pinto Bean): 색깔이 알록달록하여 호랑이콩이라고도 부르며 맛은 강낭콩과 비슷하다. 열을 가하면 핀토빈의 갈색 반점이 사라지고 콩 전체가 분홍색 혹은 붉은 갈색으로 변한다. • 38

리틀 레온 ❷

런치박스

자연식 패스트푸드 레시피

초판 1쇄 발행 2018년 12월 24일 | 4쇄 발행 2021년 11월 4일 | 지은이 제인 벡스터· 헨리 딤블비· 케이 플런켓 호그· 클레어 탁 · 존 빈센트 | 옮긴이 Fabio(배재환) | 펴낸이 이수정 | 펴낸곳 북드림 | 마케팅 이운섭 | 등록 제2020-000127호 | 주소 서울시 송파구 오금로 58, 916호(신천동, 잠실 아이스페이스) | 전화 02-463-6613 | 팩스 070-5110-1274 | 도서 문의 및 출간 제안 suzie30@hanmail.net | ISBN 979-11-960352-9-7(14590)

※잘못된 책은 구입처에서 교환해 드립니다.

이 도서의 국립중앙도서관 출판예정도서목록(CIP)은 서지정보유통지원시스템 홈페이지(http://seoji.nl.go.kr)와 국가자료종합목록시스템(http://www.nl.go.kr/kolisnet)에서 이용하실 수 있습니다. (CIP제어번호 : CIP2018040138)

리틀 레온 시리즈 전면 컬러/64쪽/양장본

❶아침식사와 브런치 | ❷런치박스 | ❸수프와 샐러드 그리고 스낵 | ❹한 냄비요리